BEI GRIN MACHT SICH IHR WISSEN BEZAHLT

- Wir veröffentlichen Ihre Hausarbeit,
  Bachelor- und Masterarbeit

- Ihr eigenes eBook und Buch -
  weltweit in allen wichtigen Shops

- Verdienen Sie an jedem Verkauf

Jetzt bei www.GRIN.com hochladen
und kostenlos publizieren

Robert Thalheim

Vulkanarten und Ausbruch des Eyjafjallajökull 2010

Bibliografische Information der Deutschen Nationalbibliothek:

Die Deutsche Bibliothek verzeichnet diese Publikation in der Deutschen National-
bibliografie; detaillierte bibliografische Daten sind im Internet über http://dnb.d-
nb.de/ abrufbar.

Impressum:

Copyright © 2014 GRIN Verlag GmbH
Druck und Bindung: Books on Demand GmbH, Norderstedt Germany
ISBN: 978-3-656-82907-2

Dieses Buch bei GRIN:

http://www.grin.com/de/e-book/283458/vulkanarten-und-ausbruch-des-eyjafjalla-
joekull-2010

Vulkanismus: Vulkanarten und Ausbruch des Eyjafjallajökull 2010

Facharbeit / Geographie

Vorgelegt von:

Thalheim, Robert

Abgabedatum: 10.03.2014

1. Geschichte ____ 2

2. Begriffserklärungen
   2.1 Konfektionsströmungen _______________________________ 3
   2.2 Lithosphäre ____ 3
   2.3 Vulkanische Gesteine _________________________________ 3
      2.3.1 Lapilli _______________________________________ 3
      2.3.2 Bimsstein ____________________________________ 4
      2.3.3 Basalt _______________________________________ 4
   2.4 Hotspots ____ 4
   2.5 Magma ____ 4
   2.6 Lava ____ 5
      2.6.1 Pahoehoe-Lava ________________________________ 5
      2.6.2 AA-Lava ______________________________________ 6
      2.6.3 Kissenlava ____________________________________ 6
      2.6.4 Blocklava _____________________________________ 6

3. Vulkanarten ____ 7
   3.1 Schildvulkane ______________________________________ 7
   3.2 Schichtvulkane _____________________________________ 7
   3.3 Calderen ____ 7
      3.3.1 Calderen Vom Crater-Lake-Typ ____________________ 8
      3.3.2 Einsturzcalderen _______________________________ 8
   3.4 Supervulkane ______________________________________ 8

5. Tonmodell – Querschnitt eines Schichtvulkans ________________ 9

4. Vulkanausbruch (Eyjafjallajökul 2010) ______________________ 10
   4.1 Vorzeichen ____ 10
   4.2 Ausbruchsverlauf ___________________________________ 10

6. Schlussgedanken ____ 13

1. Geschichte

Vulkane haben Menschen schon seit Jahrtausenden begeistert und immer wurden die feuerspeienden Berge gefürchtet. Damals wusste man noch nichts von Magma, Lava und den gewaltigen Kräften unserer Erde. Das Wort Vulkan leitet sich von der Insel „Vulkano" ab.

Die Römer glaubten an „Vulkanus – Gott des Feuers und der Blitze" und er soll dort gelebt haben. Wenn er wütend war, soll er Feuer und glühende Steine durch einen Kamin ausgeworfen haben. Damals konnte man sich solch ein Ereignis nicht anders erklären. Heute weiß man, dass Vulkanausbrüche in engem Zusammenhang mit der Plattentetonik, der Verschiebung der Erdplatten, stehen. Zurzeit spricht man von ca. 600 aktiven Vulkanen weltweit. Meistens treten sie dort auf, wo sich zwei Erdplatten treffen und viele Vulkane liegen unter Wasser. In manchen Fällen können daraus Inseln, wie zum Beispiel Island, entstehen. Außerdem gibt es verschiedene Vulkanarten. So unterscheidet man hauptsächlich zwischen Schildvulkanen und Schichtvulkanen. Früher trugen Vulkane zur Bildung der zweiten Erdatmosphäre bei, da sie viele Gase freisetzten, aus der die Atmosphäre besteht. [B1, S. 6 f]

2. Begriffserklärungen

2.1 Konfektionsströmungen

Sie entstehen durch den Wärmeunterschied im Erdmantel. Das heiße Gestein steigt nach oben und das kalte Gestein sinkt zum Ausgleich nach unten. Dadurch entsteht ein Kreislauf, wobei eine geringe Strömung auftritt. Konfektionsströme haben eine sehr geringe Geschwindigkeit. Sie kommen pro Jahr nur wenige Zentimeter voran und sind für die Plattenverschiebung verantwortlich. [Url1]

2.2 Lithosphäre

Die Lithosphäre ist der obere Teil des oberen Erdmantels und schwimmt auf dem unteren Teil des oberen Erdmantels, der Asthenosphäre. Man unterscheidet zwischen der kontinentalen Lithosphäre und der ozeanischen Lithosphäre.
Die kontinentale Lithosphäre besteht aus einer 20-70 km hohen kontinentalen Kruste. Darunter befindet sich die 80 km hohe oberste Erdmantelschicht.
Die ozeanische Lithosphäre liegt unter Ozeanen und die oberste Schicht besteht aus ozeanischen Sedimenten. Darunter liegt die 6-11 km hohe ozeanische Kruste, die aus einem großen Anteil von Basalt besteht. Der ca. 40-100 km hohe oberste Teil des Erdmantels gehört genau wie bei der kontinentalen Lithosphäre mit zur ozeanischen Lithosphäre. [B2, S.16 f]

2.3 Vulkanische Gesteine

2.3.1 Lapilli

Lapilli ist ein Gestein, welches ca. die Größe von Kieselsteinen besitzt. Bei einem Vulkanausbruch wird es sehr explosiv und sehr hoch aus dem Vulkan ausgeschleudert. Das Gestein kann bis zu 25 km vom Vulkan entfernt fallen. Dabei entsteht ein gefährlicher Steinhagel. [B2, S. 100] [Url 2]

2.3.2 Bimsstein

Es ist ein sehr typisches Gestein und entsteht, wenn bei einem Vulkanausbruch viele Gase in dem Magma enthalten sind. Wenn es trocknet, bleiben kleine Hohlräume und Löcher im Gestein.

Somit ist es besonders leicht und hat eine schwammartige Form. Bimsstein wird unter anderem als Baumaterial verwendet. Er reinigt aber auch sehr gut die Haut, und wird somit auch zum Händewaschen benutzt. Aber auch als Hornhautentferner ist er besonders gut geeignet. [Url 3] [Url 4]

2.3.3 Basalt

Dieses sehr dunkle Gestein mit einem leichten Blaustich entsteht entweder bei einem Vulkanausbruch unter Wasser oder bei einem Ausbruch, bei dem Siliciumdioxid armes Magma ausgeschleudert wird. Es wird z.B. für den Bau von Massivbauten, Boden- und Treppenbelägen, Fassadenteilen, Grab- und Denkmälern und in der Steinbildhauerei verwendet. Bis heute wird es gern in Gärten als Pflaster genutzt. Außerdem wurde es früher, bis zu den 1950ern, für den Straßenbau und in Wegen verarbeitet. Der weltweit größte Basaltabbau fand in Niedermending in Rheinland-Pfalz unterirdisch der Eifel statt. [Url 5] [Url 6]

2.4 Hotspots

Es gibt einige Stellen auf der Erde, die man als Hotspots bezeichnet. Dort finden besonders oft Vulkanausbrüche statt. Hotspots selbst müssen unter der Lithosphäre liegen, nur die Auswirkungen sind an der Erdoberfläche zu spüren. Sie entstehen womöglich dadurch, dass die Fließrichtung von 2 Konfektionsströmungen in entgegengesetzter Richtung aufeinander treffen. Dort entweicht die Lava mit hohem Druck an die Erdoberfläche. Man geht davon aus, dass sich die Erdplatten langsam über die Hotspots bewegen. Dort, wo man Hotspots vermutet, gibt es meist aneinandergereihte Vulkane. Dabei ist der am meisten entfernteste Vulkan, vom derzeit aktiven, der älteste. Außerdem liegen sie nicht wie die meisten Vulkane an Plattengrenzen, sondern sind weit davon entfernt, wie z.B. bei den Hawaii-Vulkanen sowie einigen ehemaligen Vulkanen in Frankreich oder der Eifel. [B1, S. 21]

2.5 Magma

Das Wort „Magma" kommt aus dem griechisch-lateinischen und bedeutet Gesteinsschmelze. Magma ist ein glühend heißes Gestein, welches sich unter der Lithosphäre, in dem oberen Erdmantel befindet.

Sie ist dünn- bis zähflüssig und besteht aus verschiedenen Gesteinen, die sich im oberen Erdmantel befinden und bei niedrigeren Temperaturen als die anderen Gesteine schmelzen. Sie sind leichter und schwimmen deswegen oben, also näher an der Lithosphäre. Mit einer Temperatur von 900-1500 °C ist Magma in etwa halb so heiß, wie der restliche obere Erdmantel, mit 2000-3500 °C. [Url 7]

2.6 Lava

„Lava" kommt aus dem italienischen und bedeutet Regenbach. Es ist Magma, das an die Erdoberfläche gekommen ist, wie etwa bei einem Vulkanausbruch. Sie besteht aus Silizium, Aluminium, Kalium, Natrium, Magnesium, Kalzium, Eisen, Phosphor, Titan und Wasser. Es gibt verschiedene Lava-Arten. Sie sind abhängig von der Vulkanart, der chemischen Zusammensetzung und der Temperatur, die bei 700-1200 °C liegt. Die Geschwindigkeit, wie schnell die Lava den Vulkan hinunter strömt ist auch von Lava zu Lava unterschiedlich. Häufig fließt sie gemäßigt herunter. Die Zeit wird daher oft in Meter pro Stunde gemessen. Wie schnell genau sie fließt, hängt aber von der Lava-Art und anderen geometrischen Einflüssen ab. [Url 7] [Url 8]

2.6.1 Pahoehoe-Lava

Sie ist eine dünnflüssige, leicht zähflüssige Lava. Pahoehoe-Lava hat eine Temperatur von ca. 1090-1200 °C. Wenn sie abkühlt, entsteht oberhalb eine dünne Haut und die Lava fliest darunter weiter. Die Haut, die im Bild 1 grau-blau aussieht, staucht durch den darunter herrschenden Lavastrom zusammen und bildet somit eine strangartige Textur. Sie hat durch ihre hohe Temperatur und somit sehr flüssige Konsistenz eine besonders hohe Fließgeschwindigkeit von bis zu 10 km/h. Durch verschiedene Einflüsse (z.B. die Steigung, wie viel Lava pro Zeit austritt, wie viel Wärme verloren geht oder Fluss durch Einengungen) kann die Lava auch um einiges schneller den Vulkan hinab strömen. Einige Lavaströme auf Hawaii messen z.B. bis zu 64 km/h. [B2, S. 97] [Url 9]

[P1]

2.6.2 AA-Lava

AA-Lava, auch Brockenlava genannt ist mit ca. 980-1090 °C etwas kühler als
Pahoehoe-Lava. Außerdem ist sie zähflüssiger und trockener. Dadurch fließt sie
deutlich langsamer, mit bis zu 100 m/h, und hat eine sehr grobe, raue Oberfläche, wenn
sie abkühlt. Außerdem fließt sie wegen ihrer Zähflüssigkeit nicht so weit und bildet
Hügel. [B2, S. 97]

[P2]

2.6.3 Kissenlava

Kissenlava entsteht, wenn ein Vulkan unter Wasser ausbricht. Durch den Kontakt mit
Wasser erstarrt die Lava zu kissenförmigen Blöcken, wie im Bild 3 dargestellt. Ihre
Temperatur liegt bei 870-1200 °C und sie fließt nur sehr langsam aus dem Vulkan ab.
[B2, S. 97]

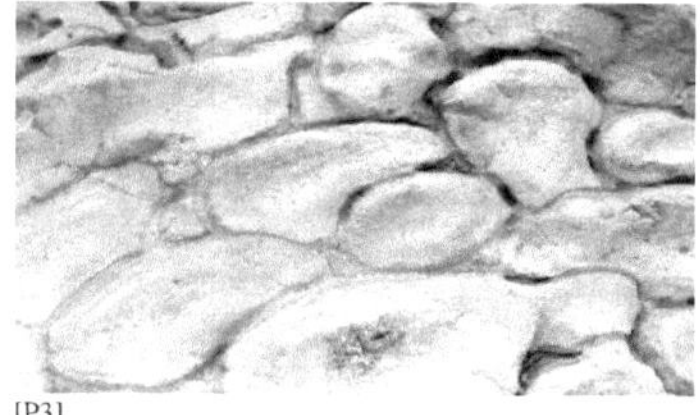

[P3]

2.6.4 Blocklava

Blocklava entsteht genau so wie Kissenlava bei einem Vulkanausbruch unter Wasser.
Mit 760-930 °C ist sie aber um einiges kühler. Sie tritt mit 1-5 m/h besonders langsam
aus dem Vulkan aus. Beim Erstarren bilden sich größere Gesteinsbrocken mit sehr
glatter Oberfläche. Dies ist gut in Bild 4 zu sehen. [B2, S. 97]

[P4]

3. Vulkanarten

3.1 Schildvulkane

Mit einem Anteil von 90% aller Vulkane ist diese Art die häufigste auftretende Art.
Die Form erinnert an den Panzer einer Schildkröte, da sie sehr breit und nicht
besonders hoch sind. Häufig treten sie unterhalb des Meeresspiegels, über Hotspots
aber zum Beispiel auch auf der Vulkaninsel Island auf. Schildvulkane sind sehr aktiv,
aber meistens harmlos. Bei ihnen tritt die heiße, dünnflüssige Lava meist ruhig-
fließend aus. Aber es kann auch passieren, dass die Lava in riesigen Fontänen
ausbricht. [B2, S. 114 f]

3.2 Schichtvulkane

Einige Schichtvulkane entstehen über Hotspots. Die meisten Schichtvulkane bilden
sich dort, wo Erdplatten des Kontinent-Ozean-Typs oder Platten des Ozean-Ozean-
Typs aufeinander zu driften. Im Gegensatz zu den Schildvulkanen ist die Lava sehr
zähflüssig und neigt teilweise dazu, schon in dem Hauptschlot zu erstarren. Somit
kann er verstopft werden. Deswegen kommt es häufig zu explosionsartigen
Ausbrüchen. Dabei werden teilweise schon erstarrte Gesteine, wie Lapilli und
Bimsstein, ausgeschleudert. Deswegen sind die Ausbrüche von Schichtvulkanen oft
sehr gefährlich. [B2, S. 120 f]

3.3 Calderen

Das Wort Caldere kommt aus dem Spanischen und bedeutet „Kessel". Calderen
sind, wie der Name sagt, eine kesselförmige Senke. Sie können einen Durchmesser
von 1-100 km haben. An sich sind Calderen keine eigenständige Vulkanart. Sie sind
genauer gesagt der Krater eines Schichtvulkans. Hierbei wird noch mal zwischen 2
Arten entschieden. [B2, S.126 f]

3.3.1 Calderen Vom Crater-Lake-Typ

Einen anerkannten Begriff für diesen Caldern Typ gibt es nicht. Aber manche
Geologen haben den Calderen Typ so nach einer, so heißenden, Caldere in Oregon
in den USA genannt. Solche Calderen sind meist sehr weit mit einem Durchmesser
von ca. 5-20 km. An den Rändern gibt es starke Erhöhungen, die mehrere hundert
Meter über der Umgebungshöhe liegen. Einige solcher Calderenkrater sind mit
Süßwasser gefüllt. Diese Vulkane sind zwar meist schon Jahrtausende nicht mehr
aktiv, aber unter ihnen befinden sich noch gefüllte Magmakammern. So besteht
immer die Gefahr, dass sie wieder ausbrechen können. Wenn dies passiert,
entstehen meist neue Vulkane in den Kratern. [B2, S.126 f]

3.3.2 Einsturzcalderen

Dieser Caldera-Typ ist kein eigenständiger Vulkan. Es ist eher der Krater eines
erloschenen Schildvulkans, der sich nach der Zeit gesenkt hat. Die erstarrte Lava an
der Oberfläche ist eingestürzt. Somit ist eine Senke entstanden, die an den Rändern
erhöht ist und meist einen Durchmesser von mehreren Kilometern hat. [B2, S.126 f]

3.4 Supervulkane

Supervulkane brechen zwar nur sehr selten aus, aber brechen am heftigsten aus.
Wenn ein solcher Vulkan ausbricht, kann sich dies im Klima der ganzen Welt sichtbar
machen. So kann durch die entstehende Aschewolke die Temperatur um einige Grad
Celsius sinken. Dies war z.B. bei dem Ausbruch von Yellowstone in den USA vor
640000 Jahren. Die Aschewolke war dort in weiten Teilen West-Amerikas zu sehen.
[B2, S.128 f]

4. Tonmodell – Querschnitt eines Schichtvulkans

Als erstes habe ich mir eine kleine Skizze von einem Schichtvulkan angefertigt und habe dabei die ungefähre Größe des Modells festgelegt. Danach habe ich aus 2,5 kg lufttrocknender Modelliermasse (Ton) mehrere handgroße Brocken abgetrennt. Als nächstes habe ich diese Teile durchgeknetet, damit der Ton verformbarer wird. Dabei habe ich darauf geachtet, dass so wenig Luft wie möglich in dem Ton bleibt, da sich sonst Risse beim trocknen bilden können. Nun habe ich nach der Skizze, mit einigen Tonbrocken, annähernd die Form des Vulkans geformt. Um die einzelnen Teile verbinden zu können, habe ich etwas Wasser verwendet. Im weiteren Verlauf habe ich die restlichen Teile ca. 1-2 cm platt gedrückt. Diese habe ich wieder mit wenig Wasser an den Berg geklebt. Im Anschluss habe ich die Konturen des Vulkans geformt. Jetzt musste das Modell eine Woche trocknen um es dann anmalen zu können. Nach einer Woche sah der Vulkan wie in Bild 5 aus.

(Bild 5)

Nachdem der Ton eine Woche getrocknet war, habe ich das Modell angemalt. Dabei habe ich zuerst die Vorderseite (Bild 6) braun bis dunkelbraun angemalt. Danach habe ich auf der anderen Seite (Bild 7) die verschiedenen Schichten aus Asche und erstarrter Lava dargestellt.

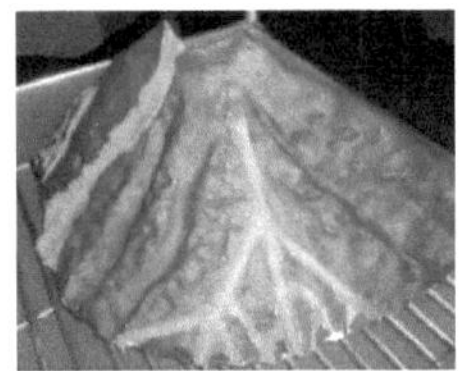

(Bild 6)

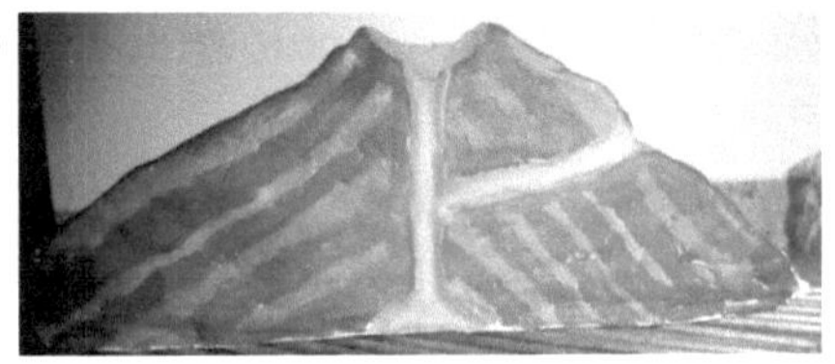

(Bild 7)

Im Anschluss habe ich die Lava und Magma orange bis rot eingezeichnet. Im Bild 7 wird hierbei ganz unten die Magmakammer dargestellt. Davon geht der Hauptschlot in der Mitte ab. Etwas weiter oben habe ich einen Nebenschlot angemalt. Dieser entsteht, wenn der Hauptschlot stark verstopft ist und sich das Magma einen anderen Weg sucht. Den Krater habe ich ebenfalls rot-orange angemalt. Auf der Außenseite habe ich zum Schluss die Lavaströme vom Haupt- und Neben-schlot angemalt.

5. Vulkanausbruch des Eyjafjallajökul 2010

Der Eyjafjallajökul liegt im Süden Islands und ist vor ca. 800.000 Jahren entstanden. Seit dem Menschen auf der Insel lebten sind 4 Ausbrüche des Schichtvulkans bekannt. Der letzte fand Anfang 2010 statt. Der vorherige Ausbruch war ca. 1823. Im Laufe der Jahre hatte sich um und in dem Krater des Vulkans der gleichnamige Gletscher, Eyjafjallajökul, gebildet. [Url 10]

5.1 Vorzeichen

Schon im Jahr 2000 sind Teile des Gletschers geschmolzen und somit bildeten sich Gletscherflüsse. Das nächste größere Ereignis fand 2002 statt, als sich 2 neue Spalten bildeten. Die eine lief über den Vulkankrater entlang. Die zweite war etwas nördlich und fast parallel gelegen. Ab April 2009 wurde eine höhere Erdbebentätigkeit festgestellt. Diese war aber oft so schwach, dass man sie gar nicht oder nur in unmittelbarer Nähe des Vulkans spüren konnte. [Url 11]

5.2 Ausbruchsverlauf

Ab dem 10.03.2010 gab es die ersten größeren Erdbeben Südislands. 11 Tage später brach nahe des Eyjafjallajökul ein anderer Vulkan aus, der eine große Aschewolke mit sich brachte. Daraufhin wurde der Flugverkehr für den Süden Islands eingestellt und einige hundert Menschen wurden evakuiert, da womöglich eine Flutwelle durch das Schmelzen des Gletschereises entstehen könne.
Am Tag darauf dauerte der Ausbruch weiter an, schleuderte immer mehr Asche aus. Des weiteren ist Schmelzwasser des Gletschers in den Krater geflossen und deshalb trat auch Dampf aus dem Vulkan aus.

Der Krater wurde damals zu einem beliebten Reiseziel und einer Touristenattraktion. Doch durch die Leichtsinnigkeit einiger Touristen kam es auch zu zwei Toten, da sie unzureichend ausgerüstet waren. Sie hatten sich erst verirrt und ihr Wagen war defekt. Daraufhin riefen sie den Notdienst an und standen mit diesem die ganze Nacht unter Kontakt. Sie standen die ganze Nacht unter Kontakt. Als der Mann am Morgen mitteilte, das er den Wagen wieder intakt gebracht hatte war die Sache für den Notdienst geklärt. Als die Rettungskräfte einen Tag später von Verwandten alarmiert worden sind, konnten sie nur eine der Vermissten lebend finden.

Die anderen wurden erfroren vorgefunden.

Am 08.04.10 erlosch die erste Spalte, aus der bisher Vulkanismus stattgefunden hat.
Die andere Spalte, am Eyjafjallajökul, jedoch war noch immer sehr aktiv und drohte
auszubrechen. Eine Woche später, in der Nacht vom 13. zum 14. April, wurde im
Bereich des Eyjafjallajökul eine hohe Erdbebentätigkeit festgestellt. Hunderte
Menschen von Bauernhöfen, die direkt unter dem Eyjafjallajökul lagen, wurden
evakuiert. Am Morgen des 14. April brach der Vulkan aus und daraufhin schmolz ein
großer Teil des Gletschers. Der Wasserspiegel der Nordsee ist dadurch innerhalb
weniger Stunden mehrere Meter gestiegen. Ca. um 12:00 Uhr mittags kam es zu
dem ersten Höhepunkt der Flutwelle. Danach beruhigte sich die Lage wieder etwas.
Am Nachmittag brach der Vulkan nochmal aus und 17:30 Uhr wurde eine zweite
Flutwelle gemeldet. Schon an diesem Zeitpunkt waren die Ausbrüche weit aus größer
als die der vergangen Tage. Durch die Ausbrüche wurde viel Asche freigesetzt.
Dadurch kam es zu bedeutenden Behinderungen des Europäischen Luftverkehrs.
Schon kleinste Aschepartikel können dem Flugzeug schaden. So heißt es
*„Die Asche kann Flugzeugen vor allem gefährlich werden, weil sie Fenster der Flugzeuge
regelrecht* [bombardieren] *kann und Piloten die Sicht genommen wird. Darüber hinaus
können bereits kleine Mengen Asche zu Triebwerkausfällen führen und die
Geschwindigkeitsmesser der Flugzeuge verstopfen."* [Z1]
Da die Asche durch den Wind in den Osten geblasen wurde, kam es im gesamten
Norwegischen Raum zur Einstellung des Luftverkehrs. Zudem waren Teile Russlands
und Schwedens auch davon betroffen. Dadurch, dass die Asche einen hohen
Flourgehalt hatte, stellte sich eine Gefahr für Tiere und Felder da, als es am Abend
zu heftigen Ascheniederschlägen östlich des Eyjafjallajökul kam. Am folgenden Tag
verstärkten sich die Ascheniederschläge. Teilweise waren sie so einschneidend, dass
die Sichtweite nur 150 Meter betrug. Zusätzlich waren nun auch Teile der britischen
Inseln von der Aschewolke betroffen, da der Wind in Richtung Osten wehte und somit
kam es in dieser Region auch zu Einschränkungen im Luftverkehr. Im weiteren
Verlauf ist die Aschewolke auch in Deutschland und Dänemark angekommen.
Daraufhin wurde auch dort der Luftverkehr betroffener Gebiete eingestellt. In der
kommenden Nacht, am 16.04., kam es zu weiteren Gletscherläufen und der
Wasserspiegel der Nordsee ist weiterhin angestiegen. Im Übrigen rissen die
Flutwellen auch Eisblöcke mit sich, sodass wichtige Straßen vorübergehend nicht

befahren wurden könnten. Die schnell steigenden Ascheteilchen haben sich
elektrisch aufgeladen. Durch die Kollision mit Eisteilchen haben sie sich in Form von
Blitzen entladen. So wurden in der Nacht vom 16. zum 17.04. zwischen 0:00 und
4:40 Uhr 22 Blitze erfasst. Am Tag nahm die Anzahl der Blitze nach wie vor zu. Am
frühen Abend blitzte es teilweise im Minutentakt. Der Ascheausstoß ging in den
nächsten Tagen etwas zurück, aber der Luftverkehr blieb weiterhin eingestellt. Am
23.04. wurde auch der Flughafen in Keflavik geschlossen. Bisher war nur der
südliche und östliche Teil Islands von der Aschewolke betroffen. Da aber der Wind
nach Westen wehte, war nun auch dieser Teil Islands von der Aschewolke betroffen.
Bis zum 28.04. war der Vulkan weiterhin aktiv und warf ca. 20 bis 30 Tonnen Lava
und Asche pro Sekunde aus. In den nächsten 2 Tagen ist die vulkanische Aktivität
deutlich zurückgegangen. Ab dem 1. Mai jedoch wurde wieder ein verstärkter
Ascheauswurf und eine höhere explosive Tätigkeit festgestellt. 2 Tage später wurde
ein Erdbeben registriert, welches jedoch in 23 km Tiefe ausgelöst wurde.
Darauffolgende 2 Tage hat es sich dennoch an die Oberfläche verlagert. Dadurch ist
weiteres Magma in die Magmakammer vorgedrungen. Ab dem 04.05. und besonders
am Abend des 05.05. kam es zu weiteren vulkanischen Explosionen, so dass weitere
Asche und Lava ausgestoßen wurde. Diesmal waren es ca. 10-20 Tonnen pro
Sekunde. Der Luftverkehr, vor allem in Portugal, Spanien, Südfrankreich und Italien,
aber auch Irland und dem nördlichen Großbritannien wurde aufgrund der 9 km
hohen Aschewolke erneut eingestellt. Ab dem 23. Mai gab es nur noch eine geringe
Erdbebentätigkeit und die Asche hatte mit 100°C eine verhältnismäßig niedrige
Temperatur. Folglich wurde der Vulkan als Erloschen erklärt. [Url 12]

6. Schlussgedanken

An dem Ausbruch des Eyjafjallajökul sieht man, wie stark ein Vulkanausbruch die Menschheit beeinflussen kann, und wie wir von den Kräften aus der Natur abhängig sind. Meistens sind Vulkanausbrüche mit Gefährdung für den Menschen verbunden aber ein solcher Ausbruch hat nicht nur Nachteile. So liefern einige Vulkane wertvolle Rohstoffe, wie Schwefel oder sogar Diamanten. Dadurch gibt es z.B. auf einem Vulkan der Inseln Javas riesige Schwefelabbaugebiete. Somit werden viele Arbeitsplätze geschaffen, wobei die Arbeit dort sehr gesundheitsschädlich ist.

Zudem kann die erstarrte Lava hervorragend zum Ackerbau und zur Landwirtschaft genutzt werden, da erstarrte Lava als sehr fruchtbar gilt. Deswegen zieht es die Bauern immer wieder zu den Vulkanen. Da sie nicht wissen, ob und wann der Vulkan möglicherweise ausbricht, gehen sie damit ein hohes Risiko ein. Viele große Vulkane, die nah an dicht besiedeltem Gebiet liegen, werden heutzutage mit modernster Technik überwacht, so dass die Menschen schon bei kleinster Gefahr gewarnt werden können. [B2, S. 180ff]

Außerdem herrscht bei Vulkanen ein hoher Wärmestrom, welcher als Energiequelle gilt. Um die Energie nutzen zu können wird für gewöhnlich eine Bohrung angelegt, die bis zu dem heißen Grundwasser gelangt. Da das Wasser meist an die Siedetemperatur herankommt und sich in Dampf umwandelt, kann es Turbinen antreiben, welche zur Stromerzeugung dienen. Das Wasser wird aber auch zum Heizen von Wohnungen oder für Thermen genutzt.

Derzeit wird von der vorhandenen Energie, die die Erde abgibt nur etwa 0.1% genutzt und deckt etwa 0,25% des weltweiten Energiebedarfs ab. Doch vielleicht könnte in ferner Zukunft die Technik soweit ausgereift sein, dass die Energiequelle besser genutzt wird und zur Energiewende beitragen kann. [B2, S. 34]

Quellennachweis

Zitat

[Z1] Aschefall nach Vulkanausbruch - Chaos im Flugverkehr 15.4.10 (25.02.2014),
Dr. Andreas Rainer und Dietmar Schäffer,
http://www.vulkanausbrueche.de/index.php?id=4561

Bilder

[P1] (Stand: 08.02.2014)
http://static.bbc.co.uk/earthscience/images/ic/640x360/surface_and_interior/lava.jpg

[P2] (Stand: 08.02.2014)
http://commons.wikimedia.org/wiki/File:Aa_large.jpg

[P3] (Stand: 08.02.2014)
http://img.galerie.chip.de/imgserver/communityimages/404400/404497/1280x.jpg

[P4] (Stand: 08.02.2014)
http://www001.upp.so-net.ne.jp/fl-fg/02_volcanic_product/02-03_block_lava-
onioshidasi-810X540-080501DSC_8157.jpg

Bücher

[B1] Schöndorf, Gerswid (2010) Abenteuer Weltwissen, BVK, Bornheim, 2010

[B2] Dinwiddie, Robert (2011) Naturgewalten Vulkane Erdbeben Wetterextreme,
Dorling Kinderslay GmbH, München 2012

Internet

[Url 1] Niklasasasasas (2011)
http://www.gutefrage.net/frage/was-ist-eine-konvektionsstroemung---, 05.03.2014

[Url 2] Wikipedia (2014) http://de.wikipedia.org/wiki/Lapilli, 05.03.2014

[Url 3] Eberhard Tackenberg; Bernd Seliger (2006)
http://www.wasistwas.de/wissenschaft/die-
themen/artikel/link//ad59cd27ea/article/was-ist-
bimsstein.html?tx_ttnews%5BbackPid%5D=131, 05.03.2014

[Url 4] Johanna Carolin Hägler (2014)
http://www.hornhaut-entfernen24.de/bimsstein, 05.03.2014

[Url 5] Wikipedia (2014) http://de.wikipedia.org/wiki/Basalt, 20.02.2014

[Url 6] Mineralienatlas (2006)
http://www.mineralienatlas.de/lexikon/index.php/RockData?rock=Basalt, 20.02.2014

[Url 7] Eberhard Tackenberg; Bernd Seliger (2006)
http://www.wasistwas.de/wissenschaft/die-
themen/artikel/link//02d28dcc6c/article/aus-was-besteht-
lava.html?tx_ttnews%5BbackPid%5D=1311, 05.03.2014

[Url 8] Eberhard Tackenberg; Bernd Seliger (2006)
http://www.wasistwas.de/wissenschaft/die-
themen/artikel/link//02d28dcc6c/article/aus-was-besteht-
lava.html?tx_ttnews%5BbackPid%5D=1311, 05.03.2014

[Url 9] Eberhard Tackenberg; Bernd Seliger (2006)
http://www.wasistwas.de/wissenschaft/die-
themen/artikel/link//166b6509de/article/wie-schnell-fliesst-
lava.html?tx_ttnews%5BbackPid%5D=1311, 05.03.2014

[Url 10] Marc Szeglat (2010)

http://www.vulkane.net/vulkane/eyjafjallajoekull/eyjafjallajoekull.html, 05.03.2014

[Url 11] Wikipedia (2014)

http://de.wikipedia.org/wiki/Ausbruch_des_Eyjafjallaj%C3%B6kull_2010#Vorzeichen_
des_Ausbruchs, 05.03.2014

[Url 12] Dr. Andreas Rainer; Dietmar Schäffer (2010)

http://www.vulkanausbrueche.de/index.php?id=4561, 27.02.2014